Sitzungsberichte
der Heidelberger Akademie der Wissenschaften
Stiftung Heinrich Lanz
Mathematisch-naturwissenschaftliche Klasse
Jahrgang 1925. 10. Abhandlung.

Über die Ausnützung der Gezeiten des Meeres zur Energiegewinnung

Von

G. Rasch

Vorgelegt in der Sitzung vom 11. Juli 1925.

Berlin und Leipzig 1925
Walter de Gruyter & Co.
vormals G. J. Göschen'sche Verlagshandlung / J. Guttentag, Verlagsbuchhandlung / Georg Reimer / Karl J. Trübner / Veit & Comp.

Über die Ausnützung der Gezeiten des Meeres zur Energiegewinnung.

Der Gedanke der Ausnützung der Gezeiten ist keineswegs neu. In Brooklyn[1]) ist eine im Jahre 1637 entstandene Flutmühle heute noch vorhanden. Zwei andere aus 1617 und sogar aus 1438 kennen wir aus alten Bilderhandschriften.[2])

Es besteht heute kein Zweifel darüber, warum so viel Zeit vergehen mußte, ehe dieser vor Jahrhunderten schon gehegte Plan in die Tat umgesetzt werden konnte. Anlagen dieser Art sind, im kleinen ausgeführt, von vornherein zur Unwirtschaftlichkeit verurteilt. Für Ausführungen im großen aber fehlte an der Küste die Absatzmöglichkeit. Es mußte also zuerst die elektrische Arbeitsübertragung gegeben sein, bevor man an die Ausnützung der Gezeiten des Meeres denken konnte, wie ja durch sie auch die Bewirtschaftung anderer Energiequellen (Walchensee, Murg usw.), die in ihrer unmittelbaren Umgebung kein ausreichendes Absatzgebiet haben, erst möglich geworden ist.

Abb. 1.

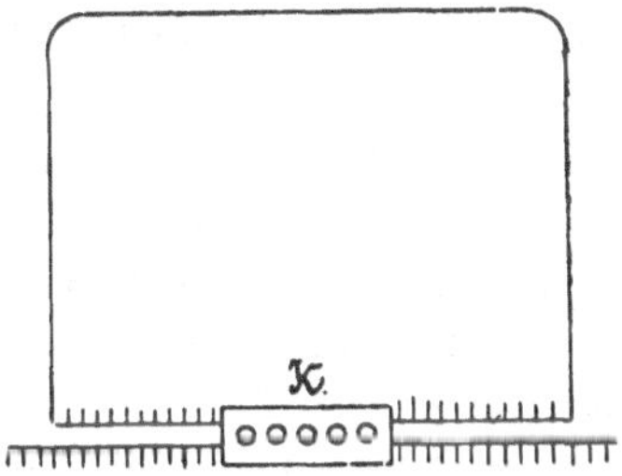

Eine ganze Reihe von Vorschlägen für die zweckmäßige Anordnung von Flutwerken mit einem, zwei und mehr Becken liegt vor.[3]) Wir beschränken uns auf eine Betrachtung der ersten beiden Systeme: des Einbecken- und des Zweibeckensystems. Eine passend gelegene Bucht oder Flußmündung (Abb. 1) wird durch einen Damm vom Meere abgesperrt. In diesen Damm wird das Kraftwerk eingebaut. Es ist ein sog. doppeltwirkendes; denn es kann Energie liefern sowohl beim Übergang des Wassers vom Meer ins Becken, als im umgekehrten Falle. Während des größten Teiles der Flut und in den ersten Stunden der Ebbe liegt der Wasserspiegel im Meere höher als im Becken, die Wasserbewegung wird also vom Meere ins Becken gerichtet sein. Der umgekehrte Vorgang muß sich im

[1]) Penn, Elektrotechnische Zeitschrift 1912 S. 1078. [2]) Ebenda.
[3]) Siemonsen, Zeitschr. des Vereins deutcher Ing. 1922 S. 1077.

zweiten Teil der Periode der Meeresbewegung abspielen. Es gibt also bei Ebbe und Flut je einen Totpunkt, bei welchem der Höhenunterschied zwischen Becken und Meer gleich Null ist und daher keine Arbeit geleistet werden kann. Aber auch einige Zeit vorher und nachher ist die Energieabgabe nicht durchführbar, weil dieser Höhenunterschied, d. h. der auf die Turbinen wirkende Druck, zu gering ist. Es entsteht also während jeder Flut und jeder Ebbe eine Betriebsunterbrechung. Das ist der Nachteil des Einbeckensystems.

Ihn vermeidet das Zweibeckensystem. Die örtlichen Verhältnisse können dieselben sein wie oben. Außer dem Damm gegen das offene Meer ist aber noch ein zweiter – ein Querdamm – vorhanden (Abb. 2), der das durch den ersten gebildete Becken in zwei Teile, das Hoch- und das Niederbecken zerlegt. Handelt es sich um eine Flußmündung, so muß das Flußwasser dem Hochbecken zugeführt werden. In den Querdamm ist das Kraftwerk eingebaut.

Abb. 2.

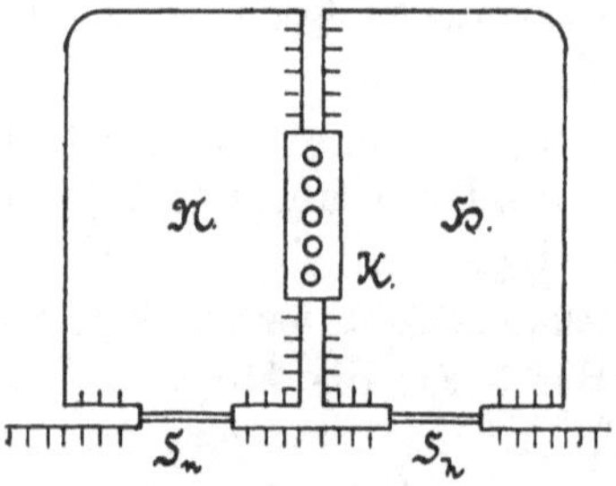

Es liegt auf der Hand, daß hier eine dauernde Energieabgabe durchführbar ist, sofern es gelingt, einen genügend großen Höhenunterschied zwischen den Spiegeln des Hoch- und Niederbeckens aufrechtzuerhalten. Wie dies erreicht wird, soll an späterer Stelle erörtert werden.

Wenn man sich das bisher Besprochene vor Augen hält, wird man zu dem Urteil gelangen müssen, daß das Zweibeckensystem mit seiner dauernden Energielieferung unbedingt dem Einbeckensystem vorgezogen werden müsse. Es muß daher außerordentlich befremden, zu erfahren, daß die beiden einzigen bis jetzt bekannten Flutwerke, ein englisches an der Severnmündung, und ein französisches am Aber Vrache (Dep. Finisterre), wie sehr sie sonst verschieden sind, in der Wahl des Einbeckensystems übereinstimmen.

Auch der Verfasser war von dieser Tatsache befremdet und versuchte, der Frage auf den Grund zu kommen; so entstand die folgende Untersuchung.

Wir wollen zunächst für das Einbeckensystem einen theoretischen Grenzfall behandeln und nehmen an, die Wasserhöhe x des offenen Meeres sei eine Sinusfunktion der Zeit, ausgedrückt durch die Gleichung:

$$x = \frac{H}{2}(1 + \cos \alpha) \tag{1}$$

wo $\boldsymbol{H}$ der „Meereshub“, d. h. der Unterschied zwischen dem höchsten und tiefsten Stand des Meerwassers, wie x in Meter gemessen, und:

(2) $$\alpha = \frac{2\pi t}{T}$$

ist. Hier ist t die veränderliche Zeit in Stunden und T die Dauer der Periode der Gezeiten, an der Seeküste „Tide“ genannt, also die halbe Umlaufszeit des Mondes um die Erde oder $12^h\,25'\,14''$. Die Zeiten rechnen von „Hochwasser“ ($\alpha = 0$) an (Abb. 3).

Abb. 3.

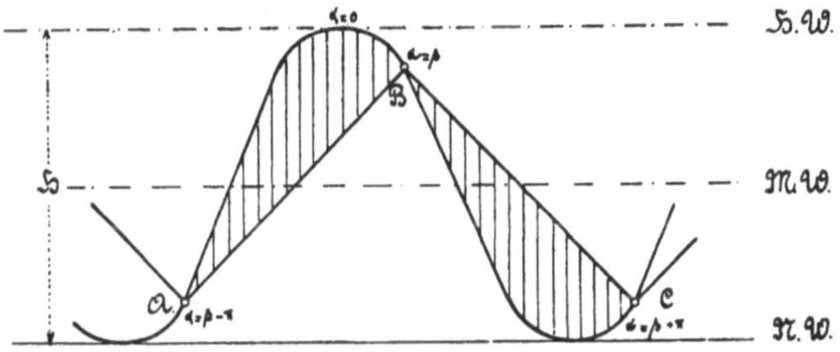

Die Ordinate eines Punktes B auf der Kurve, dessen Abszisse $\alpha = \beta$ ist, bedeutet den höchsten Stand des Wassers im Becken. Durch die Wahl dieses Punktes ist auch der tiefste Wasserstand festgelegt; denn dieser muß um eine halbe Periode früher und um ebensoviel später eintreten und wird dargestellt durch die Punkte A und C mit den Abszissen $\beta - \pi$ und $\beta + \pi$.

Verbinden wir A mit B und B mit C durch gerade Linien, so stellen deren Ordinaten den jeweiligen Wasserstand im Becken dar, unter der Voraussetzung, daß die die Turbinen durchfließende Wassermenge in der Zeiteinheit eine gleichbleibende Größe ist, die wir durch Q bezeichnen und in Kubikmeter je Stunde ausdrücken wollen.

Die Ordinaten y der Graden AB folgen dem Gesetz:

(3) $$y = \frac{H}{2}\left[1 + \cos\beta + \frac{2}{\pi}(\alpha - \beta)\cos\beta\right]$$

Die Turbinen stehen daher unter der veränderlichen Druckhöhe:

(4) $$h = x - y = \frac{H}{2}\left[\cos\alpha - \cos\beta + \frac{2}{\pi}(\beta - \alpha)\cos\beta\right]$$

Bei dieser Druckhöhe h ist die Rohleistung, d. h. die Leistung, die beim Wirkungsgrad 1 der Turbinen und Stromerzeuger erzielt würde:

$$\frac{Q \cdot 1000 \cdot h}{3600}\,\frac{mkg}{\text{sec}} = \frac{Q \cdot 1000 \cdot h \cdot 9{,}81}{3600}\ \text{Watt}$$

$$= \frac{Q \cdot h \cdot 9{,}81}{3600} = \frac{Q\,h}{367}\ \text{Kilowatt.}$$

Das spezifische Gewicht des Meerwassers ist $= 1$ angenommen, obgleich es um etwa 3 v. H. höher liegt.

Die Roharbeit A je Tide ist proportional den beiden schraffierten Flächen in Abb. 3 und ergibt sich aus:

$$\frac{A}{2} = \frac{Q}{367} \int_{t_\alpha}^{t_\beta} h\,dt = \frac{Q}{367} \cdot \frac{T}{2\pi} \int_{\beta-\pi}^{\beta} h\,d\alpha$$

$$= \frac{Q\,T\,H}{367 \cdot 4\pi} \cdot \int_{\beta-\pi}^{\beta} \left[\cos\alpha - \cos\beta + \frac{2}{\pi}(\beta - \alpha)\cos\beta\right] d\alpha$$

woraus

(5) $$A = \frac{Q\,T\,H}{2300} \sin\beta$$

sich ergibt.

Es wäre verfehlt, aus dieser Gleichung den Schluß zu ziehen, daß $\beta = \frac{\pi}{2}$ die beste Lösung darstelle, weil dabei A, die Roharbeit in einer Tide, den höchsten Wert annimmt. Für $\beta = \frac{\pi}{2}$ geht Gl. (3) über in $y = \frac{H}{2}$, d. h. der Wasserstand im Becken bleibt unverändert auf der Höhe des Mittelwassers. Da nun aber die Turbinen dem Becken Wasser zuführen bzw. entnehmen, so würde ein solcher Betrieb ein unendlich großes Becken zur Voraussetzung haben.

Die Beckengröße ist aber ein ganz wesentlicher Faktor in der ganzen Rechnung. In Wirklichkeit wird immer die Aufgabe lauten, mit möglichst wenig Aufwand für Wasserbauten einen möglichst großen Erfolg zu erzielen, also ein großes und entsprechend tiefes Becken abzusperren.

Wir müssen also die erzielbare Roharbeit in eine Beziehung zur Größe des Beckens bringen. Der nutzbare Fassungsraum ist durch den Wasserspiegel bei tiefstem und höchstem Wasserstand im Becken begrenzt. Was etwa unter dem tiefsten und über dem höchsten Spiegel noch an Raum vorhanden ist, zählt hier nicht mit.

Dieser nutzbare Inhalt des Beckens muß $= Q \cdot \frac{T}{2}$ Kubikmeter sein. Nehmen wir prismatische Gestalt an und berücksichtigen, daß nach Gl. (3) der Unterschied zwischen tiefstem ($\alpha = \beta - \pi$) und höchstem ($\alpha = \beta$) Stand die Höhe $H \cdot \cos\beta$ ist, so ergibt sich die Fläche des Beckens zu:

(6) $$F = \frac{Q\,T}{2\,H\cos\beta}.$$

Die Roharbeit je Tide auf die Einheit der Beckenfläche bezogen, ist somit:

(7) $$\frac{A}{F} = \frac{2 \cdot H^2 \cdot \sin\beta \cdot \cos\beta}{2300} = \frac{H^2 \sin 2\beta}{2300} \text{ Kilowattstunden.}$$

Nehmen wir einen Meereshub von $H = 3$ m an, wie er etwa an unserer Nordseeküste herrscht, und eine Beckenfläche von einem Quadratkilometer, so würde demnach in einer Tide im günstigsten Fall ($\beta = \frac{\pi}{4}$) die Arbeit von 3910 Kilowattstunden zu erzielen sein.

Aber die vorliegende Annahme entsprach nicht der Wirklichkeit. Die Druckhöhe (Gl. 4) geht von einem Nullwert (bei A) über ein Maximum wieder auf einen Nullwert (bei B) zurück. Die Turbinen müßten also bei Druckhöhen zwischen 0 und 100 v. H. des Höchstwertes arbeiten. Der Wirkungsgrad einer Turbine sinkt aber bei Druckhöhen von weniger als 40 v. H. des Höchstwertes schon so weit, daß es sich empfiehlt, den Betrieb einzustellen. Wir werden übrigens zum Ergebnis kommen, daß durch diese Betriebspause die Roharbeit A je Flächeneinheit nicht etwa geschmälert, sondern sogar erhöht wird; denn in der Nähe dieses Totpunktes $\alpha = \beta$ wächst die gewonnene Arbeit in geringerem Maße als die erforderliche Fläche.

Wir wollen nun annehmen, der Betrieb werde so geführt, daß die Druckhöhe zwischen dem Höchstwert h_m und einem Mindestwert $h_0 = 0{,}4\ h_m$ liegt. Wir gelangen dann zu Verhältnissen, wie sie Abb. 4 wiedergibt.

Abb. 4 [1]

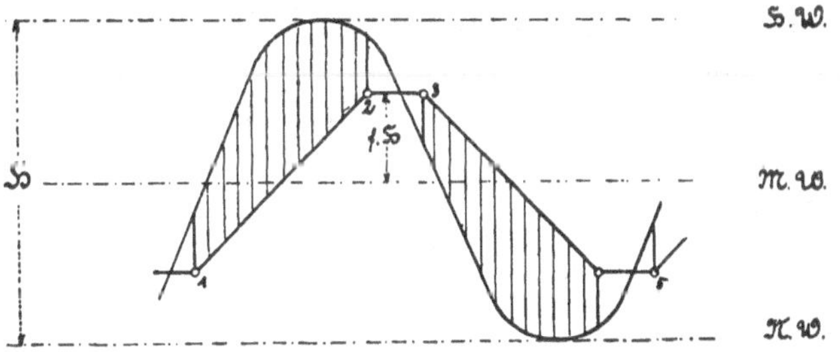

Die Mindestwerte der Druckhöhe werden bei steigendem Becken zu den Zeiten eintreten, welche den noch zu bestimmenden Abszissen α_1 und α_2 entsprechen; bei fallendem Becken bei den Abszissen α_3 und α_4. Dabei ist $\alpha_3 = \alpha_1 + \pi$; $\alpha_4 = \alpha_2 + \pi$. Ferner muß, weil in der Betriebspause der Beckenwasserstand unverändert bleibt, Punkt 2 die gleiche Ordinate wie Punkt 3, dann aber auch Punkt 1 die gleiche wie Punkt 4 haben. Da wir weiterhin die Voraussetzung in der Zeiteinheit gleichbleibender Wassermenge auch hier beibehalten, so folgt, daß Punkt 1 genau soviel unter als Punkt 2 über Mittelwasser liegen muß.

Nehmen wir an, Punkt 2 liege $\frac{f}{2} \cdot H$ Meter über Mittelwasser, wo

[1]) In Abb. 4 ist $f\frac{H}{2}$ statt fH zu lesen.

der Zahlenwert von f noch zu bestimmen bleibt, so folgen aus dem Vorerwähnten die Ordinaten:

$$\text{zu Punkt 1: } y_1 = \frac{H}{2}(1-f)$$

$$\text{,, ,, 2: } y_2 = \frac{H}{2}(1+f)$$

$$\text{,, ,, 3: } y_3 = \frac{H}{2}(1+f)$$

$$\text{,, ,, 4: } y_4 = \frac{H}{2}(1-f).$$

Die Grade 1 — 2 genügt der Gleichung:

$$y = \frac{H}{2}\left(1 + f \cdot \frac{2\alpha - \alpha_1 - \alpha_2}{\alpha_2 - \alpha_1}\right) \tag{8}$$

Die Druckhöhe zur Zeit 2 ist: $x_2 - y_2$, zur Zeit 3: $y_3 - x_3$; da beide gleich, nämlich 0,4 h_m sein sollen, ergibt sich $x_2 + x_3 = y_2 + y_3 = 2\,y_2$ und hieraus:

$$\frac{H}{2}(2 + \cos\alpha_2 + \cos\alpha_3) = \frac{H}{2}(2 + 2f)$$

da $\cos\alpha_3 = -\cos\alpha_1$ folgt:

$$f = \frac{\cos\alpha_2 - \cos\alpha_1}{2}. \tag{9}$$

Der allgemeine Ausdruck für die Druckhöhe $h = x - y$ ist, aus Gl. (1) und (8) ermittelt:

$$h = \frac{H}{2}\left[\cos\alpha - f\,\frac{2\alpha - \alpha_1 - \alpha_2}{\alpha_2 - \alpha_1}\right]. \tag{10}$$

Ihr niedrigster Wert h_0 tritt ein für $\alpha = \alpha_1$ oder $= \alpha_2$:

$$h_0 = \frac{H}{2}\,\frac{\cos\alpha_2 + \cos\alpha_1}{2}. \tag{11}$$

Den Höchstwert h_m erhält man durch Einsetzen von $\alpha = \alpha_m$ in Gl. (10), wo:

$$\sin\alpha_m = -\frac{2f}{\alpha_2 - \alpha_1}. \tag{12}$$

Beachtet man nun noch, daß nach unserer Voraussetzung $h_0 = 0{,}4\,h_m$ sein soll, so fehlt nur noch eine Gleichung zur Ermittelung aller Unbekannten. Es bleibt also noch die Frage offen: Bei welcher Lösung wird die Roharbeit je Einheit der Beckenfläche und Tide ein Höchstwert?

Den Ausdruck für die Roharbeit erhält man mit Hilfe der Gleich. (10):

$$\frac{A}{2} = \frac{Q}{367}\int_{t_1}^{t_2} h\,dt = \frac{Q\,T\,H}{367 \cdot 2\pi \cdot 2}\int_{\alpha_1}^{\alpha_2}\left[\cos\alpha - f\,\frac{2\alpha - \alpha_1 - \alpha_2}{\alpha_2 - \alpha_1}\right]d\alpha\,\cdot$$

$$A = \frac{Q\,T\,H}{2300}\,(\sin \alpha_2 - \sin \alpha_1). \tag{13}$$

Der Inhalt des Beckens ist:

$$Q\,\frac{T}{2\,\pi}\,(\alpha_2 - \alpha_1), \text{ die Höhe } f \cdot H,$$

daher — wieder bei Annahme prismatischer Gestalt — die Beckenfläche:

$$F = \frac{Q\;T\;(\alpha_2 - \alpha_1)}{2\,\pi\,f \cdot H}. \tag{14}$$

Die Arbeit je Flächeneinheit ist

$$\frac{A}{F} = \frac{H^2\,f\,(\sin \alpha_2 - \sin \alpha_1)}{367\;(\alpha_2 - \alpha_1)}. \tag{15}$$

Wir haben beim theoretischen Grenzfall $\alpha_2 = 45^0$, $\alpha_1 = -135^0$ gefunden. Jetzt müssen α_2 und α_1 dem absoluten Werte nach kleiner sein.

Man wird hier nicht anders vorgehen können, als zunächst einen Wert von α_2 (z. B. 40^0) anzunehmen, dann mit verschiedenen Werten von α_1 z. B. -90^0 -95^0 -100^0 -105^0 an Hand der Gleichungen (9) bis (12) die Werte $\frac{2\,h_0}{H}$ und $\frac{2\,h_m}{H}$ zu ermitteln, um deren Verhältnis $\frac{h_0}{h_m}$ zu berechnen. Derjenige Wert von α_1 ist der richtige, für den $\frac{h_0}{h_m} = 0{,}4$ wird. Das trifft hier bei $\alpha_1 = -92{,}5^0$ zu. Es steht aber keineswegs fest, ob $\alpha_2 = 40^0$ die beste Wahl war. Man muß also noch andere Möglichkeiten prüfen, um festzustellen, bei welchem Wertpaar $\alpha_2\,\alpha_1$ nach (15) $\frac{A}{F\,H^2}$ am größten wird. Man braucht dabei die Grenzen nicht sehr eng zu stecken. Rechenschieber und Millimeterpapier erleichtern die Aufgabe sehr. Es zeigt sich, daß die Wahl $\alpha_2 = 22{,}5^0$, $\alpha_1 = -109^0$ den Höchstwert liefert, nämlich, wieder bei $F = 10^6$ und $H = 3$:

$$A = 8860 \text{ Kilowattstunden.}$$

Der Vergleich mit dem beim theoretischen Grenzfall erzielten Werte von 3910 Kilowattstunden zeigt, daß das rechtzeitige Unterbrechen der Energielieferung nur Vorteile gebracht hat.

Die Grundlagen des Zweibeckensystems wurden oben schon erörtert. Abb. 5 stellt den Betriebsplan derselben dar. Die Punkte 1 2 3 4 5 6 wollen wir vorläufig als gegeben betrachten. Die Grade 1 4 stellt den Wasserstand y im Hochbecken dar; die Grade 3 6 und die ihr parallele durch 2 den Wasserstand y_n des Niederbeckens.

Die Periode — Tide — ist der horizontale Abstand der Punkte 1 und 5, also $\alpha_5 - \alpha_1$. Sie wird durch die Punkte 2 3 und 4 in 4 Abschnitte unterteilt, in denen sich folgendes abspielt:

Wie oben schon erwähnt, ist es erforderlich, einen ständigen und genügend großen Höhenunterschied zwischen den Wasserspiegeln des Hoch- und Niederbeckens aufrechtzuerhalten. Diesem Zweck dienen die beiden Schleusen S_h und S_n Abb. 2, die, wenn geöffnet, das Meer mit dem Hoch- bzw. Niederbecken in Verbindung setzen.

Im Abschnitt 1 2 liegt der Spiegel im Meere tiefer als im Hoch-, aber höher als im Niederbecken. Daher sind beide Schleusen gesperrt. Im Abschnitt 2—3 muß der Spiegel des Niederbeckens gesenkt werden, deshalb wird die Schleuse S_n geöffnet. Im Abschnitt 3—4 steht der Meeresspiegel wieder zwischen den Spiegeln der beiden Becken, also müssen beide Schleusen wieder gesperrt sein. Endlich, im Abschnitt 4—5 ist S_h offen zu halten, damit der Spiegel des Hochbeckens wieder gehoben werden kann. Im Abschnitt 2—3 muß der Spiegel des Niederbeckens etwas höher, im Abschnitt 4—5 der des Hochbeckens etwas tiefer liegen als der Meeresspiegel, da ein Übertritt des Wassers ins

Abb. 5.

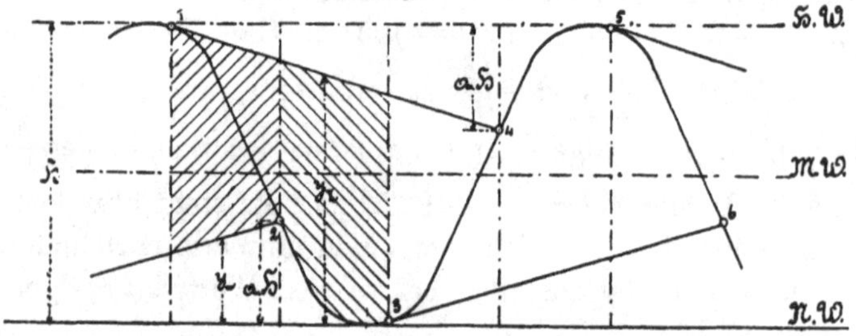

Meer bzw. aus dem Meer beabsichtigt ist. Dieser kleine Unterschied ist aber in Zeichnung und Rechnung unberücksichtigt geblieben.

Die Gleichungen 1 und 2 haben auch hier Gültigkeit. Auch sei die Wassermenge Q in der Stunde wieder gleichbleibend angenommen, so daß das Absenken des Hoch- und der Anstieg des Niederbeckens linear verlaufen und auch die Neigung der die Spiegel der beiden Becken darstellenden Graden dieselbe ist.

Das letztere ist allerdings keine Notwendigkeit. Man könnte z. B. auch dem Niederbecken größere Oberfläche und größeren Inhalt geben als dem Hochbecken. Die gleiche Wassermenge würde dann in jenem einen kleineren Höhenunterschied verursachen und die Grade, die den Spiegel des Niederbeckens darstellt, würde weniger gegen die Horizontale geneigt sein. Im allgemeinen würde sich daraus aber kein Vorteil ergeben; wohl im Einzelfalle, wenn z. B. eine Landzunge vorhanden ist, die den zu errichtenden Querdamm (Abb. 2) ganz oder teilweise ersetzen kann, die aber den beiden Becken ungleiche Größe verleiht.

Wir bleiben bei unserer obigen Annahme: Gleichheit der beiden Becken.

Die Absenkung des Hochbeckens zur Zeit 4 nennen wir $a \cdot H$. Die Ordinate des Punktes 4 ist also $H(1-a)$. Dann ist $a \cdot H$ die Ordinate der Punkte 2 und 6; denn gleiche Beckengröße und Wassermenge bedingen, daß der größte Höhenunterschied im Hoch- und Niederbecken derselbe ist. a kann als Absenkungsgrad bezeichnet werden. Da die Punkte 2 und 4 auf der Kurve liegen, so folgt auch, daß $\alpha_2 = \alpha_4 - \pi$ sein muß, ebenso muß $\alpha_6 = \alpha_4 + \pi$ sein. Der Punkt 1 ist der Berührungspunkt der Tangente aus dem Punkt 4 an die Kurve, der Punkt 3 derjenige der Tangente aus 6. Punkt 5 liegt um eine Periode (2π) weiter als 1; man legt also durch die Wahl des Absenkungsgrades a, d. h. durch den Punkt 4, alles übrige fest und es handelt sich wieder darum, die günstigste Lage dieses Punktes zu finden.

Die Gleichungen für y_h und y_n schreiben wir vorläufig:

$$y_h = \frac{H}{2}[L - N\alpha] \tag{16}$$

$$y_n = \frac{H}{2}[M + N\alpha]. \tag{17}$$

Hierin ist zunächst, weil y_n Tangente an die Kurve im Punkte 1 ist,

$$-N\frac{H}{2} = \frac{dx}{d\alpha} \text{ für } \alpha = \alpha_1$$

also

$$N = \sin\alpha_1. \tag{18}$$

Wir werden α_1 später bestimmen; zunächst L und M.

Für den Punkt 4 ist $y_h = H(1-a)$ und nach (1) auch $\frac{H}{2}(1 + \cos\alpha_4)$. Es folgt also

$$\cos\alpha_4 = 1 - 2a \tag{19}$$

dann nach (16)

$$H(1-a) = \frac{H}{2}(L - N\alpha_4)$$

$$L = 2 - 2a + N\alpha_4. \tag{20}$$

Dann für Punkt 2: nach (17)

$$aH = \frac{H}{2}[M + N\alpha_2];$$

daher

$$M = 2a - N\alpha_2$$

$$= 2a - N(\alpha_4 - \pi). \tag{21}$$

Es bleibt noch α_1 als Funktion von α_4 oder a darzustellen.

Die Ordinate zu α_1 ist:

$$x_1 = \frac{H}{2}(1 + \cos\alpha_1)$$

aber auch:

$$= \frac{H}{2}(L - N\alpha_1),$$

so daß:

$$1 + \cos\alpha_1 = 2 - 2a + N(\alpha_4 - \alpha_1)$$

(22)
$$\cos\alpha_1 = \cos\alpha_4 + (\alpha_4 - \alpha_1)\sin\alpha_1.$$

Aus dieser Gl. (22) ist für ein gewähltes α_4 der zugehörige Wert α_1 zu ermitteln. Als grobe Annäherung kann dabei:

$$\alpha_1 = \frac{2a}{\alpha_4}$$

benutzt werden, doch werden die wirklichen Werte von α_1 etwas größer ausfallen. Bezeichnet man die Roharbeit im Abschnitt 1—2 mit A_{12}, im Abschnitt 2—3 mit A_{23}, so wird

$$A = 2(A_{12} + A_{23}),$$

da in den Abschnitten 3 4 und 4 5 sich die Vorgänge genau wiederholen. Es ist nach Früherem:

$$A_{12} = \frac{Q\,T}{367 \cdot 2}\,\frac{H}{2\pi}\int_{\alpha_1}^{\alpha_2}(L - M - 2 \cdot N\alpha)\,d\alpha$$

$$A_{23} = \frac{Q\,T\,H}{367 \cdot 2 \cdot 2\pi}\int_{\alpha_2}^{\alpha_3}(L - N\alpha - 1 - \cos\alpha)\,d\alpha.$$

Dann folgt aus den Gleichungen 18—21 sowie, da $\alpha_2 = \alpha_4 - \pi$ und $\alpha_3 = \alpha_1 + \pi$:

(23)
$$A = \frac{Q\,T\,H}{2\pi \cdot 367}\left[(\alpha_4 - \alpha_1)\cos\alpha_4 + \sin\alpha_1 - \sin\alpha_4 + \frac{(\alpha_4 - \alpha_1)^2}{2}\sin\alpha_1\right]$$

Der Winkel α_4 kann — rein theoretisch — jeden Wert zwischen 2π und π, a also jeden Wert zwischen 0 und 1 erhalten. Aber es gilt natürlich auch hier, was oben bemerkt ist: das Verhältnis des kleinsten zum größten Überdruck, $h_0 : h_m$ soll einen Grenzwert, den wir zu 0,4 angesetzt haben, nicht unterschreiten.

Der kleinste Überdruck herrscht zur Zeit 2. Es ist:

$$2\frac{h_0}{H} = L - M - 2N\alpha_2$$

(24)
$$= 2\cos\alpha_4 + \pi\sin\alpha_1.$$

Der größte Überdruck h_m ergibt sich aus:

$$\frac{2h}{H} = L - N\alpha - 1 - \cos\alpha \quad \text{für } \sin\alpha = N \text{ oder } \alpha = \pi - \alpha_1$$

(25)
$$\frac{2h_m}{H} = \cos\alpha_4 + \cos\alpha_1 + (\alpha_4 + \alpha_1 - \pi)\sin\alpha_1.$$

Hoch- und Niederbecken haben denselben nutzbaren Rauminhalt: $Q \cdot \frac{T}{2\pi}(a_4 - a_1)$ und denselben Höhenunterschied $\frac{H}{2}(\cos a_1 - \cos a_4)$, also auch dieselbe Fläche. Ihre Gesamtfläche ist somit:

$$(26) \qquad F = \frac{2\,Q\,T}{2\pi \cdot \frac{H}{2}} \frac{(a_4 - a_1)}{\cos a_1 - \cos a_4} = \frac{2\,Q\,T}{\pi\,H} \frac{a_4 - a_1}{\cos a_1 - \cos a_4}$$

Die folgende Zahlenreihe enthält zu einigen Werten des Absenkungsgrades a das nach Gl. 24 und 25 berechnete Verhältnis $h_0 : h_m$ und wieder unter der Annahme $H = 3$ m und $F = 10^6$ Quadratmeter die Roharbeit A in einer Tide, ausgedrückt in Kilowattstunden und berechnet aus Gl. 23 und 26.

$a =$	0,3	0,4	0,5	0,587	0,6	0,7	0,8
$h_0 : h_m =$	0,71	0,61	0,50	0,40	0,38	0,25	0,12
$A =$	3290	4020	4550	4830	4840	4850	4530.

Wenn man $h_0 : h_m = 0{,}4$ als untere Grenze betrachtet, so erkennt man aus den Zahlen für A, daß damit auch zugleich die größte Ausbeute erzielt werden kann.

Aber diese Ausbeute bleibt erheblich hinter der des Einbeckensystems zurück (4830 gegen 8860 Kilowattstunden!). Es erklärt sich hieraus, weshalb in beiden oben erwähnten Fällen das Einbeckensystem bevorzugt worden ist.

Man kann nun einwenden, daß ein Werk, dem das Einbeckensystem zugrunde gelegt ist, nicht für sich allein als Energiequelle brauchbar ist, weil Betriebspausen von etwa 3 Stunden täglich zweimal eintreten. Erschwerend wirkt dabei noch, daß diese Betriebspausen sich zeitlich verschieben. Es ist in der Fachliteratur vorgeschlagen worden, Flutwerke mit anderen elektrischen Kraftwerken, die die Energie der Kohle oder anderer Brennstoffe ausbeuten, zusammenarbeiten zu lassen, derart, daß Flut- und Wärmekraftwerk in das gleiche Überlandnetz arbeiten, so daß Energieüberfluß bei einem und Energiemangel beim anderen Werk einen gegenseitigen Ausgleich finden können. Leider ist das aber nicht so einfach, wie es auf den ersten Blick scheinen mag, denn beim Wärmekraftwerk ist Energieüberfluß durch geringe Nachfrage bedingt, fällt also zeitlich in die Nachtstunden, beim Flutwerk hängt er von der Stellung des Mondes ab, wandert also innerhalb eines Monats über alle 24 Stunden des Tages hinweg, und es ist gar nicht vermeidbar, daß Stunden des Überflusses sowie solche des Mangels in beiden Werken bisweilen zeitlich zusammenfallen.

Man muß also für einen Energiespeicher Sorge tragen, und zwar nicht nur beim Einbeckensystem, sondern, wenn auch in geringerem

Maße, auch beim Zweibeckensystem; denn auch bei diesem schwankt die gewonnene Leistung in weiten Grenzen.

Akkumulatorenbatterien, an die man zunächst denken mag, scheiden dabei aus, weil sie Gleichstrom verlangen, dieser aber sich nicht zur Fernübertragung eignet. Man wird vielmehr zu dem Verfahren greifen, das man in der Schwarzenbachsperre im nördlichen Schwarzwald bereits verwirklicht hat. Dasselbe stellt eine Vereinigung von Wasserkraft- und Pumpwerk dar. Ein hochgelegenes Becken wird in der Zeit des Energieüberflusses durch Hochpumpen von Wasser gefüllt und kann bei Energiemangel etwa 65 v. H. der zur Aufspeicherung verwendeten Arbeit zurückgeben.

Um die aufzuspeichernde Arbeit zu ermitteln, verfährt man nun folgendermaßen. Denken wir uns für das Einbeckensystem unter Beibehaltung der Abszissen die Überdrucke $x - y$ als neue Ordinaten über der Halbperiode 1—2—3 aufgetragen, so ergibt sich die Kurve in Abb. 6. Die Ordinaten — Druckhöhen — können, da wir gleiche Wassermengen Q in gleichen Zeiten voraussetzen, auch als Augenblickswerte der Rohleistung angesehen werden. Die Druckhöhe, welche der ausgeglichenen Leistung entspricht, sei $z \cdot \frac{H}{2}$, aber wir wollen im folgenden nicht nur die Wassermenge Q, sondern auch den Wert $\frac{H}{2}$ aus der Berechnung herauslassen. Die gewonnene Arbeit wird durch den Inhalt B der Fläche dargestellt, die durch Kurve, Endordinaten zu a_1 und a_2 und Abszissenachse begrenzt ist. Er ist nach Gl. 10:

Abb. 6.

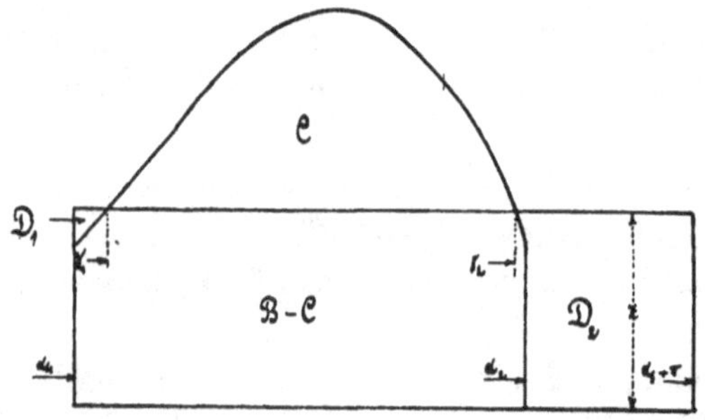

$$B = \int_{a_1}^{a_2} \left[\cos a - f \frac{2a - a_1 - a_2}{a_2 - a_1} \right] da \tag{27}$$

Für $a_1 = -109^0$; $a_2 = 22{,}5^0$ ergibt sich $B = 1{,}328$.

Wäre der Wirkungsgrad der Aufspeicherung $= 1$, so wäre $z = \frac{B}{\pi} = 0{,}422$. Das kann aber nur als Anhaltspunkt für z dienen; man wird dieses zunächst etwas kleiner annehmen.

Eine horizontale gerade Linie im Abstand z von der Abszissenachse schneidet von der Fläche B den oberen Teil C ab. Diese überschießende Arbeit C kann als „Ladungsarbeit", wenn man an dem Bilde des Akkumulators festhalten will, bezeichnet werden.

Ein angenommener Wert z bestimmt die Anfangs- und Endabszissen von C, nämlich γ_1 und γ_2 aus der Gleichung:

$$z = \cos\gamma - f\,\frac{2\,\gamma - \alpha_1 - \alpha_2}{\alpha_2 - \alpha_1} \quad \text{(nach 10)}, \tag{28}$$

welche eine Doppelwurzel γ hat. Dann ergibt sich:

$$C = \int\limits_{\alpha=\gamma_1}^{\alpha=\gamma_2} \left(\cos\alpha - f\,\frac{2\,\alpha - \alpha_1 - \alpha_2}{\alpha_2 - \alpha_1} - z\right) d\,\alpha. \tag{29}$$

Nennt man nun die Entladungsarbeit $D = D_1 + D_2$ (Abb. 6) und nimmt an, daß 65 v. H. der aufgespeicherten Energie nutzbar gemacht werden kann, also:

$$D = 0{,}65\ C,$$

so erhält man:

$$B - C + D = \pi z$$

$$B = 0{,}35\ C + \pi z. \tag{30}$$

Man muß also eine Reihe von Werten z annehmen, aus ihnen nach (28) γ_1 und γ_2 und nach (29) C berechnen. Derjenige Wert z, der zugleich die Gleichung (30) befriedigt, ist der richtige. In unserem Falle ist er $z = 0{,}368$, woraus $C = 0{,}493$.

Die „ausgeglichene“ Arbeit je Tide ist $= \dfrac{0{,}368 \cdot \pi}{1{,}328} = 0{,}87$ der Gesamterzeugung und die aufzuspeichernde Arbeit (C) $\dfrac{0{,}493}{1{,}328} = 0{,}37$ der Gesamterzeugung.

Abb. 7.

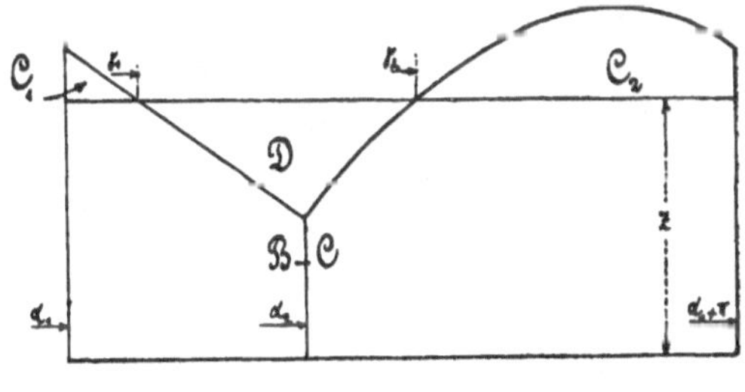

Wendet man noch dasselbe Verfahren auf das Zweibeckensystem an, so erhält man Abb. 7. Für den günstigsten Fall, der oben (Tabelle) zu der Energielieferung von 4830 Rohkilowattstunden führte, ist $\alpha_1 = 15{,}5^0$; $\alpha_2 = 80^0$; $B = 2{,}950$. Ein angenommener Wert z bestimmt

$$\gamma_1 \text{ aus: } z = L - M - 2\,N\gamma_1 \text{ und}$$

$$\gamma_2 \text{ aus: } z = L - N\gamma_2 - 1 - \cos\gamma_2.$$

Von den beiden Werten γ_2, die letzterer Gleichung entsprechen, gilt derjenige, welcher zwischen $\alpha_2 = 80$ und $\alpha_3 = 15{,}5 + 180 = 195{,}5^0$ liegt; die Winkel sind natürlich alle im Bogenmaß auszudrücken. Es folgt dann

$$C_1 = \int\limits_{\alpha_1}^{\gamma_1} (L - M - 2\,N\alpha - z)\,d\,\alpha \text{ und}$$

$$C_2 = \int_{\gamma_2}^{a_1+\pi} (L - Na - 1 - \cos a - z)\, da,$$

wo L, M, N aus Gl. 20 21 und 18 hervorgehen, dann $C = C_1 + C_2$ und schließlich müssen C und z wieder der Gleichung 30 genügen.

Wir kommen dabei auf: $z = 0{,}895$ $C = 0{,}397$; also die ausgeglichene Arbeit ist $\frac{\pi \cdot 0{,}895}{2{,}950} = 0{,}953$ der erzeugten. Aufzuspeichern ist:

$$\frac{0{,}397}{2{,}950} = 0{,}135 \text{ der erzeugten Energie.}$$

Eine Zusammenstellung unserer Ergebnisse zeigt nun folgendes Bild:

Für 1 qkm Beckenfläche und 3 m Meereshub	Einbecken-system	Zweibecken-system
Erzeugte Energie je Tide	8860	4820
Ausgeglichene Energie je Tide	7700	4600
Aufzuspeichernde Energie je Tide	3300	650

Also auch bei Energieausgleich leistet das Einbeckensystem noch um zwei Drittel mehr als das Zweibeckensystem. Der Ausgleich selbst wird allerdings bei ersterem erschwert, weil die fünffache Arbeit aufzuspeichern ist.

Die Aufspeicherungsmöglichkeit ist aber — neben den sonstigen örtlichen Verhältnissen — der Kernpunkt der ganzen Frage, und hier sind die Bedingungen an unseren Küsten nicht günstig. Um z. B. 3300 Kilowattstunden aufzuspeichern, bedarf es bei einem mittleren Gefälle von 5 m einer Wassermenge von 242 000 Kubikmeter. Die Schwarzenbachsperre erreicht dasselbe mit nur 3000 Kubikmeter.

Bei der heutigen und noch mehr bei der künftigen Ausdehnung der Hochspannungsnetze ist es freilich nicht nötig, den Energiespeicher an der Meeresküste zu suchen. In Verbindung mit Überlandnetzen kann der Speicher auch 100 bis 200 km entfernt liegen.

Günstiger liegen aber die Verhältnisse bei den oben erwähnten englischen und französischen Flutwerken. Bei beiden ist in nächster Nähe ein hinreichendes Gefälle und der nötige Speicherraum vorhanden und wird auch entsprechend ausgenützt.

Überblickt man noch einmal das Vorausgegangene, so muß man zu der Erkenntnis kommen, daß die natürlichen Bedingungen für die Energiegewinnung aus den Gezeiten des Meeres für Deutschland sehr ungünstig sind. Die Ostsee scheidet überhaupt aus. Aber auch an der

Nordseeküste, die einen Meereshub von maximal 3,20 m aufweist, könnte nur eine Anlage mit sehr großem Becken in Frage kommen; denn so sehr die Meinungen der Fachwelt über die Flutwerke sonst auseinandergehen, in dem einen Punkt dürfte Einigkeit herrschen, daß man nicht unter 2000 Kilowatt — ausgeglichene Leistung herabgehen soll.

So liegen die Verhältnisse heute. Aber wir können aus der Statistik folgern, daß Deutschland in sehr kurzer Zeit einen Energiebedarf von jährlich 50 Milliarden Kilowattstunden haben wird. Davon liefert das an Wasserkräften reichste Land — Bayern — 10 Milliarden. Weitere zehn werden vielleicht alle übrigen deutschen Wasserkraftanlagen zusammen bringen. Die zur Zeit sehr stark herangezogene Braunkohle wird in absehbarer Zeit verbraucht sein und die Steinkohle wird immer ein wichtiger Bestandteil der deutschen Ausfuhr bleiben.

Vielleicht liegt also der Tag nicht mehr so sehr fern, an dem man auch den Gezeiten des Meeres als Energiequelle Beachtung schenken wird.

FSC
www.fsc.org
MIX
Papier | Fördert gute Waldnutzung
FSC® C083411

Kolibri 360 GmbH
Ferdinand-Jühlke-Straße 7
99095 Erfurt, Deutschland
produktsicherheit@kolibri360.de